L'EUCALYPTUS

A LA

COLONIE AGRICOLE DES TROIS-FONTAINES

(PRÈS ROME)

L'EUCALYPTUS

A LA COLONIE AGRICOLE

DES

TROIS-FONTAINES

(Près Rome)

PAR

E. MEAUME

EXTRAIT DE LA REVUE DES EAUX ET FORÊTS

DEUXIÈME ÉDITION

LANDERNEAU,
IMPRIMERIE DE P. B. DESMOULINS
1882

L'EUCALYPTUS

A LA

COLONIE AGRICOLE DES TROIS-FONTAINES

PRÈS ROME.

La *Revue des eaux et forêts* a publié l'année dernière (juillet et août 1881) une analyse fort intéressante du rapport fait au Sénat italien par M. Torelli, qui a obtenu du parlement, non sans résistance, un vote favorable à la propagation de l'eucalyptus. A la suite de ce rapport, des encouragements ont été donnés à une société agricole déjà formée et établie à la porte de Rome, dans une localité des plus malsaines. M. Torelli a traité la question de l'assainissement des régions fiévreuses par les plantations d'eucalyptus, surtout au point de vue des lignes de chemins de fer qui entourent la Péninsule. En démontrant combien sont grandes les pertes des compagnies à cause des vides formés dans les rangs de leurs employés par la *mal'aria*, M. le sénateur Torelli n'a pas manqué de signaler l'importance de la Société agricole des *Trois-Fontaines*, dont il s'est déclaré le protecteur. Son buste figure à la place d'honneur dans une des salles du couvent cistercien où est établi le siège de la Société. Il se propose, ainsi que plusieurs autres sénateurs, de suivre les développements de cette exploitation si avantageuse à tous les points de vue. Mais son rapport est du commencement de 1880. Depuis cette époque, le temps a marché et il a été mis à profit. Les plantations de l'arbre fébrifuge s'étendaient alors sur une très faible surface. Elles occupent actuellement 67 hectares, peuplés d'environ 55,000 jeunes arbres. Au mois d'octobre 1882, 100 hectares, avec quatre-vingt-dix mille arbres, cesseront de produire ces exhalaisons malsaines, souvent mortelles, dont la cause a été longtemps inconnue, mais dont l'effet n'est que trop certain. Comment est-on arrivé et comment arrivera-t-on à ce résultat? Tel est le but de la présente étude, à laquelle j'ai consacré une partie d'un séjour prolongé à Rome, d'octobre 1881 jusqu'en avril 1882.

Avant tout, je dois payer une dette de reconnaissance à M. le sénateur Canonico, dont la bienveillance m'a introduit dans la place ; à M. Bertrani, directeur général des prisons, qui a bien voulu faciliter cette introduction ; à M. l'ingénieur Mars, dont la complaisance est inépuisable ; enfin et surtout au R. P. abbé supérieur de l'abbaye des *Trois-Fontaines*, directeur de cette nouvelle société agricole. Ce supérieur de nom autant que de fait s'est entièrement dévoué à une œuvre véritablement humanitaire, dans la meilleure acception du mot. Sa colonie, qui est vraisemblablement appelée à en engendrer bien d'autres, peut être considérée comme l'école normale de la propagation de l'eucalyptus en Europe. L'avenir de l'essence fébrifuge ne pouvait être en meilleures mains.

L'établissement agricole des *Trois-Fontaines*, à 3 kilomètres de la porte Saint-Paul à Rome, appartient aux Pères trappistes, dont la plupart sont Français. C'est une véritable colonie dans laquelle l'élément religieux s'harmonise merveilleusement avec l'élément agricole. On est surtout frappé, quand on descend dans les détails de l'organisation, de l'intelligente division du travail. Sous la direction suprême du Père supérieur, chacun des pères et des frères a sa spécialité ; chacun ignore ou est censé ignorer ce que font les autres religieux ; tous concourent par des moyens divers à un but commun, la prospérité de l'établissement. Le gouvernement italien protège et patronne cette colonie à laquelle il porte avec raison le plus grand intérêt. Malgré la suppression des communautés religieuses en Italie, le gouvernement a traité avec les Pères trappistes en les considérant, non plus comme formant un corps moral de communauté religieuse, que la loi actuelle ne reconnait pas, mais comme une simple société agricole et forestière.

Ces préliminaires, que je suis obligé d'étendre et de compléter, sont indispensables pour comprendre ce qui va suivre. Loin de moi la pensée de faire pour les lecteurs si sérieux de la *Revue*, auxquels est destinée cette étude, un chapitre de nouvelles impressions de voyage. Le vieux professeur, qui a repris pour quelques mois le bâton de touriste, revient à « ses chères études ». Il communique à ses amis le résultat de ce qu'il a vu et observé. Il n'a nullement la prétention d'être un prophète, mais il a celle d'être toujours rigoureusement exact. Il s'agit ici de choses nouvelles dont l'intétêt ne peut être suivi sans que le narrateur entre dans certains développements. Je sens que je vais être un peu long; mais, pour bien faire comprendre comment la culture des céréales et de la vigne s'unit, dans le domaine des *Trois-Fontaines*, à la culture forestière, il est indispensable de faire connaitre l'origine de ce domaine, ainsi que celle du nouvel établissement qui s'y est installé avec le plus grand succès.

En février 1868, S. E. le cardinal Milesi-Ferretti, abbé commandataire des *Trois-Fontaines*, remettait à des religieux de l'ordre fameux illustré par saint Benoît, saint Bernard et l'abbé de Rancé, l'abbaye dont il était titulaire. A part les trois églises, les cours, les jardins et les bâtiments importants, mais inhabités, du monastère, les terrains attenants qui en faisaient partie étaient d'une étendue de quelques hectares, abandonnés au pâturage des moutons. Les cisterciens se trouvaient ainsi remis en possession de l'abbaye qu'ils avaient possédée pendant sept siècles dans le voisinage de la célèbre abbaye consacrée à saint Paul. Le pape Pie IX avait encouragé et obtenu cette cession dans l'espoir que les hardis pionniers de la Trappe parviendraient à assainir ces collines tellement infestées par la *mal'aria* que, dans le pays, cette petite localité s'appelait « la Tombe », tant on était certain d'y mourir. Pie IX avait compris que l'œuvre de régénération et d'assainissement aurait été sans importance si elle s'était accomplie sur un aussi faible espace. Il aurait voulu que la colonie naissante pût se développer par l'adjonction de vastes terrains appartenant à une communauté de femmes ; mais, malgré les offres d'un dédommagement important et supérieur à la valeur réelle de la terre, il ne fut pas possible de vaincre l'obstination des religieuses détentrices des terrains joignant ceux de la colonie.

La *mal'aria* ne régnait donc pas seulement sur les *Trois-Fontaines ;* elle s'étendait encore sur les terrains complètement inhabités et stériles que le pape aurait voulu y réunir, et aussi sur ceux qui entourent l'église de Saint-Paul-hors-les-Murs.

Elle s'étend jusqu'aux portes de Rome et pénètre même assez profondément dans la ville. Elle règne également, et surtout, sur les villages ou plutôt sur les habitations éparses situées à gauche de la route conduisant à la célèbre basilique. C'est à ce point que, pendant l'été, aussitôt après la moisson qui se termine en juin, on voit se diriger vers les monts Albains tous les habitants sans exception qui ont résidé, tant bien que mal, sur ces lieux maudits, pendant l'hiver et le printemps. C'est alors que commence un véritable exode. On voit de longues files de charrettes accompagnées des hommes, des femmes, des enfants et des bestiaux, qui contournent les murs de Rome et se dirigent par la « via Appia » vers les localités plus saines, telles qu'Albano, Frascati, Marino, Grotta-Ferrata, Rocca di Papa, etc. Ces pauvres gens reviennent dans leurs habitations de la campagne romaine, vers la fin d'octobre, pour y préparer la culture des céréales, fort productive dans les terrains volcaniques. Ils n'échappent pas toujours au fléau ; mais ils cherchent à l'éviter en faisant pour le mieux dans les limites du possible.

Ce rapide exposé montre l'intérêt qui s'attache à la recherche du meilleur moyen à employer pour assainir ces terrains pestilentiels, presque aussi fiévreux que les fameux marais Pontins. Les Maremmes toscanes ne sont guère moins dangereuses que les environs de Terracine ; mais leur merveilleuse fécondité y attire toujours des cultivateurs, surtout depuis l'établissement de la voie ferrée qui longe la Méditerranée depuis Livourne jusqu'à Civita-Vecchia. C'est précisément ce littoral, l'un des plus insalubres de l'Italie, qui attire les agriculteurs à cause de la puissance de sa production ; ce qui a donné lieu au vieux dicton toscan : « Dans les Maremmes, on fait sa fortune en un an, quand on n'y meurt pas en six mois. »

Le savant rapport de M. le sénateur Torelli indique les tentatives faites autour des gares et des maisons de gardes barrières de la ligne de Maremmes pour assainir les terrains environnants et préserver les malheureux habitants d'une mort presque certaine. Tout a été essayé avant les plantations d'eucalyptus; rien n'a réussi. Cependant les voyageurs qui parcourent la ligne de Livourne à Civita-Vecchia, ainsi que toutes celles du littoral de la Péninsule, sont émerveillés en voyant la bonne santé des employés ; tous sont, en effet, robustes et bien portants. Dès lors, les touristes naïfs ne manquent pas de considérer comme une vieille fable l'insalubrité de la Maremme ; mais il n'y a là qu'une apparence trompeuse dont voici l'explication. Sans doute les employés actifs sont en bonne santé sur la ligne; mais cela tient à une organisation de service très dispendieuse pour les compagnies, qui sont obligées de doubler, quelquefois même de tripler leur personnel. Quand un des employés est pris de la fièvre, on le remplace par un homme valide ou guéri, jusqu'à ce que ce dernier soit lui-même atteint par l'*aria cattiva*. Quel surcroît de dépense! M. le sénateur Torelli l'évalue à 1,500,000 francs par année sur les lignes de Vintimille à Rome, du côté de la Méditerranée; de Venise, ou plus exactement, de Rimini à Otrante, sur l'Adriatique, et sur les lignes de Sicile et de Sardaigne.

Telle est la perte subie par les compagnies qui exploitent ces voies ferrées. Combien plus grande est certainement celle résultant des vastes solitudes s'étendant des chemins de fer aux montagnes. Là cependant se trouvent plus de 500,000 hectares d'une fertilité exceptionnelle, mais condamnés à rester en pâturages plus ou moins bons, tant qu'on ne parviendra pas à y fixer des cultivateurs.

Cependant de louables efforts ont été faits depuis quelques années pour exploiter fructueusement la vaste plaine qui s'étend de Salerne à Pœstum et au-delà. Des fermes ont été créées partout où la montagne n'est pas assez éloignée pour que les habitants de ces fermes puissent s'y réfugier pendant les plus fortes chaleurs. Chose étrange, on ne voit autour de ces fermes aucune plantation d'eucalyptus qui les rendrait certainement habitables pendant toute l'année. Cet état de choses va-t-il changer? On peut l'espérer, puisque les ingénieurs étudient en ce moment le tracé d'un chemin de fer depuis Battipaglia, centre agricole des plus importants, jusqu'à un point à déterminer pour la jonction de ce chemin avec la grande ligne qui se dirigera vers Reggio. Les études du tracé s'étendaient, au mois d'octobre 1881, jusque dans le voisinage de Pœstum. Bientôt, sans doute, on entendra crier devant le temple de Neptune : *Pœstum, cinq minutes d'arrêt*, et le touriste pourra, entre deux trains, visiter les restes les plus imposants et les plus anciens de l'Europe continentale sans être obligé de coucher à Salerne. Cette nouvelle ligne offrira le chemin le plus court pour se rendre par terre de Naples à Reggio, d'où l'on atteindra Messine en moins d'une heure de navigation.

Ce serait déjà un bien beau résultat dû à l'établissement de la nouvelle ligne ; mais elle en produira un autre non moins important. Nul doute que les compagnies de chemins de fer, qui se sont déjà mises à l'œuvre à Grosetto et à Orbitello dans l'Italie centrale, à Vintimille dans le nord-ouest et sur différents points de l'Adriatique, où elles seront peut-être secondées par la Société ferraraise fondée à Turin en 1877 *per la bonifica dei terreni ferraresi*; nul doute, disons-nous, que l'ensemble de ces efforts ne parvienne à propager l'eucalyptus partout où il sera utile. Après les résultats obtenus par les compagnies, les propriétaires opéreront sur leurs propres terrains. Ainsi, de suite en suite, les solitudes se peupleront et la richesse du pays s'augmentera.

Sans doute, cet avenir est encore éloigné, parce que la culture de l'essence fébrifuge n'est pas encore organisée sur une assez grande échelle. On n'est pas définitivement fixé sur les moyens de préparer les ensemencements et les plantations. Tout cela demande des soins et des études, afin d'approprier les procédés divers à chaque nature de terrain. Néanmoins, il est certain que le gouvernement et les compagnies de chemins de fer s'occupent sérieusement de la question et qu'on sent la nécessité de faire cesser un état de choses essentiellement dommageable. Déjà bien des tentatives ont été faites, quelques améliorations ont été obtenues en facilitant l'écoulement des eaux ; mais elles ont produit peu d'effet. Seul, l'eucalyptus, de quelque variété que ce soit, a donné des résultats véritablement utiles. C'est donc dans son propre intérêt, aussi bien que dans celui des compagnies de chemins de fer, que le gouvernement a entrepris de créer un établissement modèle, une sorte d'école normale pour l'acclimatation de l'eucalyptus. C'est celui des *Trois-Fontaines*.

Grâce aux trappistes qui exploitent cet établissement, on est arrivé à un résultat incontestable. Ici les faits ne parlent pas, ils hurlent. Après plusieurs tâtonnements qui suivirent leur modeste prise de possession en 1868, les Pères eurent l'idée de planter en 1870 quelques sujets d'eucalyptus globulus, alors fort peu connu sur le continent. A cette époque, la graine était rare, chère, et les pères étaient pauvres ; puis ils ignoraient les conditions nécessaires à remplir pour assurer la réussite. Néanmoins, ils ne se découragèrent pas ; ils persistèrent à planter l'essence fébrifuge autour du monastère, ainsi que dans l'intérieur. Lorsqu'ils eurent réussi à obtenir un peuplement d'un peu plus de 1 hectare, et que les arbres atteignirent les âges de cinq à six ans, une amélioration sensible se manifesta dans l'état sanitaire de la colonie. Dans les premières années de leur installation, les Pères perdirent douze religieux, malgré le soin qu'ils prenaient de revenir chaque soir à Rome, aux environs de la petite église de Saint-Nicolas des Lorrains, qu'ils avaient louée à la France. Ce fut seulement en 1874 qu'ils restèrent à demeure dans leur monastère des *Trois-Fontaines ;* depuis cette époque, personne n'y meurt plus. On observe bien de temps en temps quelques indispositions, même quelques cas de fièvre bénigne ; mais ils deviennent de plus en plus rares, et l'on peut affirmer qu'en 1882 l'état sanitaire des Pères et des Frères travailleurs est aussi satisfaisant que possible, malgré la rigueur de leur régime (1).

La question de l'eucalyptus comme fébrifuge peut être considérée comme résolue par le seul effet des plantations même sur une petite échelle, alors que les arbres ont atteint l'âge de cinq à six ans. Plusieurs hommes d'Etat furent frappés des résultats obtenus; M. le sénateur Torelli, notamment, s'intéressa au développement de l'établissement des trappistes, et le gouvernement voulut faciliter ce développement en fournissant les moyens de faire un essai en grand dans des conditions propres à en assurer le succès. Après de nombreux pourparlers, dont il est inutile de rendre compte, on mit à la disposition de la colonie un vaste domaine inculte, possédé autrefois par la congrégation des dames du Saint-Sacrement et qui appartenait à l'Etat. Le gouvernement fit avec les représentants de la colonie une convention qui la rendit propriétaire de vastes terrains joignant les terres originairement concédées par le gouvernement pontifical, et qui

---

(1) Les religieux de la Trappe ne mangent que des légumes cuits à l'eau et au sel sans beurre. Ils sont levés à deux heures du matin et couchés à sept heures en hiver, à huit heures en été. Jamais, sauf le cas de maladie, ils ne mangent ni poisson, ni viande, ni œufs, ni beurre. Cependant presque tous sont vigoureux. Chacun travaille aux champs ou dans l'intérieur du monastère, environ huit heures par jour.

furent ajoutées à la concession nouvelle bien plus importante. L'ensemble forme près de 500 hectares (exactement 495). Le contrat est un véritable ascensement. Moyennant une redevance annuelle et variable, la colonie est devenue propriétaire de ces 500 hectares. En outre, comme le gouvernement n'a pas d'établissement pénitencier hors du continent européen, il imagina d'en créer un, à titre d'essai, aux portes de Rome, sauf à abandonner cet essai dans le cas où il ne donnerait pas les résultats attendus. On fit successivement plusieurs choix parmi les galériens et les réclusionnaires condamnés à moins de dix ans et qui avaient déjà subi plus de la moitié de leur peine. On leur assura un salaire qui leur est payé par la colonie, mais dont ils ne touchent qu'une faible partie, l'autre devant leur être remise au moment de leur libération. Ce salaire s'élève en moyenne à 1 franc par jour. Les bâtiments du monastère reçurent les condamnés les mieux notés et les moins dangereux, surtout ceux qui, ayant un état, peuvent se rendre plus utiles qu'en travaillant à la terre. On logea aussi des terrassiers dont les travaux de la colonie occupent un grand nombre. Une autre partie des condamnés fut employée à élever une vaste baraque, dite *mobile,* pouvant recevoir quatre-vingts hommes avec les installations de précaution usitées dans les bagnes. Ces malheureux furent employés à construire leur propre prison, aujourd'hui achevée; et, chose étrange, ce travail fut exécuté gaiement, quelquefois même en chantant, quand on le permettait. Les condamnés logés dans les vastes bâtiments du couvent étaient et sont encore employés à des travaux divers et surtout à la préparation des terrains sous la direction des trappistes. Il va sans dire qu'ils sont surveillés de très près par de nombreux gardiens bien armés, et qui sont tous d'anciens soldats.

Cet état de choses, qui remonte à quelques années, sera continué. En février 1882, la colonie occupe 237 condamnés travaillant plus consciencieusement qu'on n'aurait pu l'attendre de pareils ouvriers. La discipline est sévère, mais le travail est moins pénible et surtout moins dégradant que celui du bagne. Il est infiniment moins abrutissant que celui de la cellule. D'ailleurs, l'influence moralisatrice des Pères se fait sentir sur ces misérables. Ils sont traités avec égards par les employés du gouvernement et par les religieux. Cela contribue à les rendre meilleurs. Sans doute, aucun d'eux ne sera jamais candidat à un prix Monthyon, mais on a constaté que leur conduite est aussi bonne que possible et que, à tous les points de vue, l'ensemble des conditions où ils sont placés n'est pas sans influence sur leur amendement. Aussi, aucune évasion n'avait été tentée avant la fin de l'année 1881. Cela se comprend.

Lorsqu'un condamné se trouve relativement bien traité, bien payé, il aime mieux achever son temps que de courir les risques d'une évasion. C'est ce qu'avait pensé l'administration pénitentiaire. Le fait suivant montre qu'elle a raisonné juste. Un surveillant tombe grièvement blessé en conduisant une escouade de galériens. Ses armes n'étant plus à sa portée, rien n'était plus facile aux condamnés, dégagés de toute surveillance, que d'achever ce malheureux gardien ou, tout au moins, de le laisser sur place et de s'enfuir. Ils n'y songèrent même pas et s'empressèrent de rapporter au couvent, sur leurs bras, leur surveillant et ses armes. Cela n'est-il pas une preuve que cette population commence à s'amender ou que, tout au moins, elle préfère achever son temps afin de ne pas perdre le pécule de sortie devenu assez important ?

Il est vrai qu'à la fin de l'année dernière il y a eu une double évasion. C'est la seule depuis trois ans. Tout y a concouru. On avait admis par erreur deux mauvais garnements récemment condamnés pour de longues années, ce qui ne donne aucune garantie contre les tentatives d'évasion. En outre, un soldat encore inexpérimenté avait été chargé de leur surveillance. Les deux forçats réussirent à l'aveugler, suivant un procédé très employé par les malfaiteurs, en lui jetant du tabac dans les yeux, puis ils s'enfuirent.

On n'a pu suivre leurs traces. Comme aucun méfait n'a été commis dans les environs et qu'on n'en a jamais eu de nouvelles, on suppose qu'ils ont péri dans quelque *macchia*. Loin d'avoir été imitée, cette évasion fut généralement blâmée par les condamnés, qui non seulement ne veulent pas renoncer à leur pécule, mais espèrent être employés, après leur libération, par les Pères, qui sont obligés d'avoir des ouvriers libres dont le nombre s'augmentera toujours. Ce qu'il y a de certain, c'est que, dans la population des bagnes, on regarde comme une faveur d'être employé aux travaux des *Trois-Fontaines*. A ce point de vue, c'est déjà un résultat considérable auquel M. Bertrani, l'habile directeur général des prisons, attache avec raison beaucoup d'importance. La perspective d'une récompense consistant en un travail mieux payé, voulu et non imposé, peut certainement produire de bons effets. Aussi, M. le directeur général des prisons désire-t-il que des travaux analogues à ceux de la colonie des *Trois-Fontaines* puissent se développer sur plusieurs points du territoire, de manière à pouvoir occuper le plus grand nombre possible de condamnés.

Quant aux baraques dites *mobiles* que construisent les condamnés, et dont il n'existe encore qu'un seul type, l'idée était ingénieuse. La population frappée par la justice devant cesser ses travaux aussitôt après avoir transformé les terrains vagues en cultures productives, la baraque servant à leur logement devient inutile, et l'on aurait intérêt à pouvoir la transporter sur un nouveau centre d'exploitation. Mais les baraques de ce modèle n'ont en réalité de mobile que le nom. Il y entre une grande quantité de briques, dont une forte partie ne peut servir à une nouvelle construction. Il serait préférable qu'on se contentât d'enlever les dortoirs pénitentiaires pour les reporter dans une autre baraque construite à neuf, ou dans une baraque véritablement mobile, entièrement en bois et facilement démontable. Quant à la baraque actuelle, l'administration pénitentiaire devra trouver facilement à la vendre à la colonie qui y installerait un fermier. Il paraît en effet difficile, sinon impossible, que les Pères puissent diriger eux-mêmes une exploitation agricole aussi étendue que celle de leur concession. Ils seront forcément conduits à créer des fermes de 100 à 150 hectares qui trouveront facilement des preneurs, lorsque le terrain sera assaini. La proximité d'une ville de 300,000 habitants leur donnera d'ailleurs une grande valeur.

La colonie des *Trois-Fontaines,* on ne saurait trop le répéter, est tout à la fois agricole et forestière. Bien que l'intérêt du gouvernement soit que l'élément forestier prédomine sur l'élément agricole, on a compris qu'il convenait de laisser aux Pères une certaine latitude pour le développement des produits agricoles, avant d'exiger l'accomplissement des opérations forestières. La colonie avait de grands frais à faire pour son installation, et elle ne pouvait attendre aucune rémunération à bref délai du rendement des produits forestiers; puisque, pour procurer et perpétuer l'assainissement de la région, les arbres doivent rester sur pied fort longtemps; et que le produit, très considérable sans doute, de l'exploitation forestière, ne peut être réalisé que dans un avenir plus ou moins éloigné En conséquence, le directeur de la colonie a été autorisé à porter tous ses efforts sur les cultures pouvant donner des produits immédiats destinés à couvrir les frais d'installation et d'exploitation. On a semé des céréales, on a surtout planté des vignes qui ont merveilleusement réussi. C'est à ce point que les 20 hectares de vignes plantés jusqu'à ce jour ont donné en 1881 un produit de 25,000 francs. Quoique les terrains emplantés ne soient pas tous dans les meilleures conditions, le vin est bon, et il est de conserve. Il peut aussi être consommé dans l'année même de sa production. En outre, il supporte le voyage. En résumé, cette exploitation est très fructueuse; les frais du traitement de la vigne et de la vendange sont bien moins considérables qu'en France; le vin des *Trois-Fontaines* se vend à Rome à des prix avantageux, sans qu'on ait besoin de le laisser vieillir ; aussi, en ce moment même, plante-t-on de nouvelles vignes de crus différents.

Une autre combinaison très ingénieuse des plantations d'eucalyptus avec la culture agricole produit des résultats remarquables. La puissance d'assainissement de la plante fébrifuge est telle, qu'il n'est pas nécessaire de la traiter en massif serré. L'effet désiré est acquis par une plantation en lignes de 900 arbres par hectare. Les jeunes plants obtenus en pépinière — non sans de grands soins — sont disposés en lignes tantôt simples, tantôt doubles et en quinconces. Ces lignes sont espacées d'environ 5 mètres. Immédiatement après la plantation, des céréales (blé, maïs, seigle, orge, avoine) sont semées entre les lignes. Après la récolte, les moutons y sont introduits — chose étrange — sans aucun danger pour les jeunes arbres dont les rameaux trainent jusqu'à terre. L'amertume de la feuille d'eucalyptus est telle, que, après avoir brouté quelque peu d'une seule branche, la bête à laine n'y revient plus et elle se contente de l'herbe. Quant aux vaches, elles doivent être écartées des lignes, non parce qu'elles mangeraient les jeunes pousses, mais elles gâteraient les tiges contre lesquelles elles aiment à se frotter.

La méthode consistant à mélanger l'eucalyptus aux céréales n'avait pas encore été mise en pratique, que la culture de la plante australienne était, aux *Trois-Fontaines*, l'objet d'études approfondies, afin de se rendre compte des moyens les plus propres à assurer le succès des pépinières qui demandent des soins minutieux. Une grande serre froide a été construite pour recevoir les bâches destinées aux expériences de germination. Sous le climat de Rome, la serre chaude est inutile. Le plus souvent même, à moins d'un hiver d'une rigueur exceptionnelle, la préparation des bâches peut avoir lieu à l'air libre, et la germination s'y opère parfaitement, même avec une température de 4 à 5 degrés au-dessous de zéro. Toutes les variétés ont été successivement essayées, et toutes ont réussi ; mais, jusqu'à ce jour, le *globulus* et le *résinifère* dominent dans les pépinières et dans les plantations. Actuellement, l'établissement des *Trois-Fontaines* est en mesure de produire annuellement de quatre-vingt mille à cent mille plants. Dans ces conditions, il peut en vendre au public, puisque la moitié tout au plus de cette production peut être utilisée par la colonie.

Avant de décrire les opérations de plantation de l'eucalyptus, il convient d'indiquer la nature du terrain sur lequel opère la colonie. Le choix de ce terrain est très important. On se ferait illusion en pensant que, dans tous les climats où la température ne descend pas au-dessous du point de congélation à plus de 6 à 8 degrés, la réussite de l'eucalyptus serait toujours assurée. S'il est certain que sans eau il n'y a rien à faire, il n'est pas moins constant que l'excès d'humidité du terrain exige un drainage préalable, ce qui augmente les frais des plantations. Rien de semblable dans le domaine des *Trois-Fontaines*. Son territoire est à peu près dans les conditions géologiques où se trouve la partie cultivable de la campagne de Rome. Ces terrains sont d'origine volcanique. Les anciens volcans de Nemi et d'Albano, sans parler de ceux qui n'ont même pas de noms modernes, ont, dans les temps préhistoriques, vomi leurs déjections sur toute la campagne romaine ; il en est ainsi depuis le littoral jusqu'aux environs de Tivoli et sur une grande partie de la plaine ondulée qui se termine aux monts Sabins. Ces déjections ont formé tantôt une vaste plaine, tantôt des élévations de 50 ou 80 mètres, comme le Pincio et le Janicule dans l'enceinte de Rome. Des élévations aussi fortes ne se rencontrent pas dans la campagne, du moins dans le domaine des *Trois-Fontaines*, où les monticules ne dépassent pas 30 à 40 mètres.

Le terrain volcanique de la campagne de Rome n'est pas semblable à celui de la « Terre de Labour » formé par les déjections du Vésuve et celles des volcans les plus anciens, dont les éruptions ont couvert tout le littoral depuis le cap

Misène jusqu'à Castellamare. La seule ressemblance entre les terrains des environs de Rome et ceux du littoral parthénopéen est la présence de la pouzzolane dans les uns et dans les autres. Le mélange de cette substance avec d'autres matières est éminemment favorable à toute espèce de culture. Sans être aussi riche que la « Terre de Labour », le sol de la campagne romaine s'en rapproche en quelques endroits. Pour n'en citer qu'un seul exemple, tiré de la culture du domaine des *Trois-Fontaines*, il s'y trouve des champs sur lesquels la luzerne donne jusqu'à HUIT récoltes annuelles. J'aurais eu peine à le croire si le fait n'était attesté par la notoriété publique et confirmé par le R. Père abbé. Sans produire des vins comparables à ceux si renommés des pentes vésuviennes, tels que le fameux lacryma-christi, les petites collines de la campagne de Rome donnent, du moins aux *Trois-Fontaines*, des vins d'une qualité égale, sinon supérieure, à ceux qui se débitent à Rome sous le nom de *vini di castelli romani*, et même à ceux provenant des croupes des monts Albains. La culture de la vigne y est très facile, et elle donne des produits dès la seconde année de la plantation. Si l'on voulait imiter dans la campagne romaine les procédés viticoles indiqués par Virgile, très antérieurs à lui, encore pratiqués en Piémont, en Lombardie, en Vénétie et dans certaines parties de la Terre de Labour, on récolterait de prodigieuses quantités de vins; mais, comme toujours, la quantité serait obtenue aux dépens de la qualité. Le *vino nostrale,* si médiocre dans la haute Italie, est très acceptable lorsqu'il provient des environs de Rome. Cela tient à ce que, depuis longtemps, les viticulteurs de Velletri et autres localités ont renoncé à la culture virgilienne pour adopter celle qui se pratique dans le midi de la France.

Il y a donc, sinon partout, du moins dans les parties ondulées de la campagne de Rome, des terrains propres à toute espèce de culture. C'est ce qui se rencontre spécialement dans le domaine des *Trois-Fontaines.* Pour s'en tenir à ce seul terrain, on reconnait qu'il est généralement profond, que dans beaucoup d'endroits la pouzzolane y affleure, mélangée à l'argile. Les couches argileuses sont plus ou moins perméables, et l'eau se trouve tantôt à $0^{m},40$, tantôt à 1 mètre et plus de profondeur. Quelquefois la pouzzolane est recouverte par un produit volcanique dit *cappellaccio* dont la dureté est très variable, mais qui, réduit en petits morceaux, se pulvérise et se mélange utilement avec la pouzzolane et l'argile [1]. Quel-

(1) La langue italienne est riche en diminutifs et en augmentatifs. Ainsi un chapeau ordinaire est un *cappello;* un petit chapeau, *cappellino;* un grand chapeau, *cappellone;* un vieux et mauvais chapeau inserviable, *cappel-*

quefois on est obligé d'employer la dynamite pour le rompre. Lorsque la couche de *cappellaccio* est trop forte ou trop étendue, on laisse de côté la partie de sol où elle se trouve. On agit de même à l'égard des produits basaltiques des volcans, à moins qu'on n'en ait besoin pour la création ou l'entretien des chemins. Les eaux stagnantes sont rares aux *Trois-Fontaines* : il y en a cependant quelques-unes dans les cuvettes des lacs détruits par les éruptions volcaniques. L'eucalyptus en fera promptement justice.

Sauf les taches peu nombreuses occupées par de fortes couches de *cappellaccio* ou de basalte, le terrain des *Trois-Fontaines* est éminemment propre à la culture des différentes variétés de l'eucalyptus, qui y réussissent toutes, notamment le globulus et le résinifère. Ce sont, jusqu'à présent, les essences dominantes dans les grandes plantations en lignes. Le mode de préparation de la semence est identique pour les deux variétés. Celui qui est employé tant dans les bâches de la serre que dans celle à l'air libre va être décrit ci-après. Les préparations en serre sont préfé-

---

laccio. C'est ce qui explique le nom donné au produit volcanique dont il s'agit. Il n'est bon qu'à briser. On ne peut s'en servir ni pour la construction des maisons, ni pour les routes, quelque dur qu'il soit. Il recouvre généralement la pouzzolane, qui, mélangée avec un cinquième de chaux, procure le ciment dit *romain* d'excellente qualité.

rables à celles qui sont faites à découvert. Si l'hiver de 1882 eût été plus froid, il est vraisemblable que les jeunes plants disposés dans les bâches à l'air libre auraient succombé. C'est une éventualité contre laquelle il convient de se prémunir. Cependant, ils ont résisté à une température de 5 degrés au-dessous de zéro, observés en février 1882.

La préparation des semis se fait de la manière suivante. Dans des bâches de sapin d'environ $0^m,75$ sur $0^m,50$ et $0^m,20$ de profondeur, on dispose une terre quelconque à la condition qu'elle soit bien divisée. Toutes les terres sont également bonnes, pourvu qu'elles ne soient pas et qu'elles ne deviennent pas compactes. Sur ce premier lit, qui s'élève à environ $0^m,10$ des bords de la bâche, on place une première couche de la terre destinée à opérer la fécondation. Cette terre doit être, autant que possible, de la nature de celle où la plantation devra être effectuée. On doit proscrire les fonds de couches qui sont trop chauds et brûleraient la semence si délicate de l'eucalyptus. Cette couche de terre, sur laquelle la semence est projetée, doit être tamisée et bien égale. La graine est étendue à la main, ou à l'aide d'un crible fin, le plus également possible; après quoi, on projette une nouvelle couche de la même terre criblée au moyen d'un crible plus fin que celui à l'aide duquel la première couche a été formée.

On doit avoir soin que cette sorte de poudre, formant la seconde couche, recouvre le semis aussi légèrement que possible ; son épaisseur ne doit pas dépasser 0m,002 à 0m,003 ; il faut que la graine soit couverte, mais très peu. On arrose ensuite légèrement et l'on continue l'arrosage jusqu'à ce que la germination s'opère. Lorsque les jeunes plants ont atteint 0m,06 à 0m,10, on les transplante dans une autre bâche plus petite, contenant seulement quarante plants et par conséquent facilement transportables. Elle doit être préparée comme la bâche de germination, et les plants y sont espacés de 0m,10 en 0m,10. Puis on les abandonne à eux-mêmes jusqu'à la plantation définitive, en ayant soin d'arroser légèrement, lorsque la terre paraît séchée par l'air ambiant. A défaut de bâches, on peut se servir pour la transplantation, après la première opération qui a procuré la germination des semis, de pots à fleurs dans lesquels on peut placer trois ou quatre jeunes plants qu'on traite comme ceux mis en bâches.

Il faut une très grande habitude pour reconnaître dans les bâches les variétés de l'eucalyptus. Les très jeunes feuilles présentent de singulières anomalies. On voit souvent, non seulement sur la même tige, mais sur la même branche, des feuilles d'une forme et d'une couleur entièrement différentes. Les unes sont presque rondes et d'un vert foncé ; les autres sont allongées et d'un vert plus tendre. C'est seulement après quelques années de croissance que la feuille prend sa forme définitive.

On a discuté la question de savoir si la résistance du résinifère à la gelée est plus grande que celle du globulus. Plusieurs personnes penchent vers l'affirmative. En réalité, des expériences comparatives restent à faire. On admet assez généralement que le globulus résiste moins bien que le résinifère. Cependant, aux *Trois-Fontaines*, les globulus âgés de plus de quatre ans ont parfaitement résisté à un froid de 9 degrés pendant l'hiver 1879-1880. C'est donc une erreur de croire que le globulus ne peut supporter qu'une température très peu inférieure au point de congélation. Une température abaissée à 5 degrés au-dessous de zéro a été d'une complète innocuité en 1882, même sur les semis de globulus et de résinifère, en bâches à l'air libre, ayant en moyenne 25 centimètres de hauteur et destinés aux plantations. Quelques semis d'autres variétés ont péri quand le thermomètre est descendu à 5 degrés au-dessous de zéro en février 1882.

Pour planter en lignes simples, on défonce le terrain en établissant des fossés large de $0^m,80$ et profonds également de $0^m,80$. Aux *Trois-Fontaines*, ces fossés sont creusés par les condamnés. Si la ligne doit être double, c'est-à-dire si elle doit contenir deux rangées d'arbres, les fossés auront

$1^{m},80$ de largeur sur $0^{m},80$ de profondeur. Dans ce cas, les plants sont disposés en quinconce avec un écartement entre eux de 1 mètre et de 2 mètres. Il est essentiel que la sortie des plants des bâches ou des pots ait lieu sur place, avec une sorte de cuiller, immédiatement avant leur plantation, de manière qu'ils conservent leur chevelu. Si quelques radicelles dépassent la motte adhérente, on les coupe. Ils sont ensuite recouverts de terre en pratiquant autour de chaque pied une cuvette destinée à l'arrosement qui est toujours nécessaire.

On ne saurait trop répéter que l'arrosement est indispensable pendant les premiers mois. Par conséquent, s'il n'est pas possible d'amener l'eau à pied d'œuvre, il est inutile de songer à une plantation d'eucalyptus. Pendant les chaleurs, chaque pied doit recevoir, au moins tous les huit jours, 8 à 10 litres d'eau. C'est une dépense considérable pour la première année, mais le succès est à ce prix. Le domaine des *Trois-Fontaines* est heureusement partagé sous ce rapport. L'eau y abonde et son transport est facile. Outre celle qu'on peut se procurer dans les vallées en creusant des puits à une très faible profondeur, un cours d'eau vive traverse la propriété et va se jeter dans le Tibre. Il a beaucoup de pente et il est assez fort pour qu'on puisse y établir des moulins. Quant aux plantations établies sur les plateaux et sur les collines, la conduite de l'eau en tonneaux est indispensable. Enfin, le souffrage des jeunes sujets est quelquefois nécessaire pour en écarter les insectes.

Le globulus et le résinifère réussissent également. Le résinifère est très avantageux, en ce sens qu'il porte, dès la quatrième année, une graine très abondante qui peut être récoltée et employée après la cinquième année. Cette graine n'est utile qu'autant qu'elle est restée sur pied une année après sa formation. La récolte de la graine est des plus faciles sur les jeunes arbres de cette variété. Il n'en est pas de même de celle du globulus. La graine de cette essence, renfermée dans une enveloppe en forme de noix, beaucoup plus grosse que celle du résinifère, ne commence à se montrer que sur les sujets d'environ quinze ans. Elle est difficile à recueillir, à raison de la hauteur atteinte par les arbres de cet âge qui ont généralement plus de 20 mètres. La difficulté est augmentée par la nécessité où l'on est de saisir le moment où la graine est parfaitement mûre, et ce moment est précisément celui où l'enveloppe éclate en laissant échapper la graine. Cette difficulté de récolter la graine du globulus en maintient le prix fort élevé. Pour l'avoir de bonne qualité, il faut saisir l'instant où elle est près de se répandre sur le sol, ce qui est souvent fort difficile. Au contraire, la graine du résinifère, quoique tout aussi légère que celle du globulus, est bien plus facile à récolter. Elle est tellement abondante sur les arbres âgés de cinq ans, que la colonie des *Trois-Fontaines* commence à en vendre, quoique les sujets de résinifère portant graine ne soient pas encore nombreux. Aucune des grandes plantations de cette variété n'a atteint ce qu'on pourrait appeler l'âge de puberté des arbres. Les sujets de cinq ans qu'on rencontre aux *Trois-Fontaines* sont disséminés autour du couvent et mélangés avec les globulus dont les premiers ont été plantés en 1871.

La croissance du globulus est-elle plus rapide que celle du résinifère ? Les avis sont partagés et les expériences n'ont pas encore été faites sur une assez grande échelle, aux *Trois-Fontaines*, pour qu'on puisse tirer une conclusion certaine de la comparaison entre un certain nombre d'arbres de ces deux variétés se trouvant dans des conditions identiques de végétation.

A vrai dire, les plantations sur une grande échelle des différentes variétés d'eucalyptus n'ont commencé dans la colonie que depuis 1880, et les arbres les plus anciens n'auront accompli leur troisième année qu'à la fin de 1882. Sur les 67 hectares actuellement boisés en lignes, les globulus plantés en lignes en 1881 ont, en moyenne, $1^{m},20$ de hauteur ; à l'égard de ceux dont la plantation remonte à 1880, la moyenne est de 3 mètres.

On commence à planter en avril, alors que toute crainte de gelée a disparu. Le travail se prolonge jusqu'en septembre. A partir du printemps, les travaux urgents de toute nature se multiplient tellement dans la colonie, qu'on est toujours contraint de courir au plus pressé. Bien qu'il soit préférable que toutes les plantations aient lieu en avril, il est difficile, quand il s'agit d'un travail aussi considérable que le creusement, la préparation des fossés où les plantations doivent s'effectuer, les soins que demande la jeune plante pour sa mise en place; il est fort difficile, disons-nous, de planter et d'arroser dans un seul mois de vingt-cinq mille à trente mille sujets. C'est pourquoi la plantation de certains cantons est ajournée jusqu'en septembre, quelquefois même jusqu'en octobre.

Par son traité avec le gouvernement, la colonie des *Trois-Fontaines* est obligée de planter annuellement douze mille cinq cents sujets d'eucal ptus. Ce nombre a été dépassé en 1880 et 1881, afin que, malgré les insuccès partiels, malgré les accidents imprévus, il reste toujours sur le terrain autant de fois douze mille cinq cents sujets qu'il y aura d'années écoulées depuis 1880 jusqu'à la fin de l'opération. Quant à présent, il n'y a pas eu de chablis dans les plantations. En général, l'eucalyptus résiste bien au vent. Comme le roseau, auquel il ressemble si peu, il plit et ne rompt pas. Mais qui peut répondre des tempêtes de l'avenir?

La prudence aussi bien que le développement de l'agriculture exigent que les plantations soient exécutés avec un écartement de 6 à 7 mètres entre chaque ligne, de manière a obtenir environ neuf cents sujets par hectare, tout en cultivant des céréales entre les lignes. Le sol devrait, sans aucun doute, être plus complètement couvert par l'essence fébrifuge; mais qui peut savoir si ce sol pourrait nourrir un nombre d'eucalyptus aussi considérable que le comporterait une jeune sapinière? On doit songer que cette essence absorbe peut-être une quantité de sucs nourriciers dont il est difficile de se rendre compte. On peut se demander si l'exagération des plants ne conduirait pas à l'appauvrissement du terrain. Quant aux terres aquifères, la puissance d'absorption de l'eucalyptus est telle, que, dans des terrains où l'eau se rencontrait à quelques centimètres de la surface, elle ne se trouve plus, après deux années, qu'à une profondeur de plus d'un mètre. Cette force extraordinaire d'absorption n'indique-t-elle pas qu'il y a une certaine limite à la puissance végétative du sol, limite qu'il serait imprudent d'atteindre et surtout de dépasser?

On ne saurait se dissimuler que la culture de l'eucalyptus est encore dans l'enfance et qu'il reste à faire beaucoup d'expériences pour arriver à se rendre compte de la puissance végétative des terrains plantés. Ainsi, quelques faibles surfaces de 3 ou 4 ares pourraient être disposées en massifs plus ou moins serrés, de manière à connaître le nombre de plants que le terrain peut supporter et la limite où commencerait l'excès.

Cette expérience serait fort intéressante, et elle commencera sans doute prochainement. Ainsi, sur les coteaux impropres à la culture de la vigne, on pourrait planter l'eucalyptus par bandes alternes, comme on le fait pour la création ou la régénération des pineraies ou des sapinières. Cependant des expériences de cette nature auraient, il faut le reconnaître, un intérêt plutôt théorique que pratique, puisque le but assigné est moins la production ligneuse que l'assainissement du sol, et qu'avec neuf cents arbres par hectare, on obtient et l'on dépasse même le résultat attendu. On y trouve encore cet avantage considérable que les plantations en lignes donnent la possibilité d'y cultiver des céréales et de procurer aux bestiaux un excellent pâturage. A ce propos, ne doit-on pas reléguer parmi les fables l'opinion d'après laquelle l'eucalyptus est une essence égoïste, ne souffrant rien sous elle ni auprès d'elle ? Cela n'est pas vrai, du moins aux

Trois-Fontaines, où, près de l'église, sous un massif d'eucalyptus dont les sujets ont été élagués, on voit croître des plantes et des essences diverses qui se portent parfaitement.

Les arbres viennent généralement bien dans la colonie, ce qui tient sans doute aux soins extrêmes apportés à la germination et à la plantation. Il n'en est pas de même partout. Ainsi on peut voir à Rome, dans le jardin du monastère de Saint-Grégoire-le-Grand, quelques eucalyptus plantés en ligne qui viennent assez mal.

La même observation s'applique aux eucalyptus isolés qu'on rencontre dans quelques jardins de Rome et, trop rarement, dans les plantations publiques, sur les rampes du Capitole, par exemple. Plusieurs de ces arbres sont bas de fût, mal branchus et s'écartent plus ou moins de la verticale. Cela tient-il à ce qu'ils ont été mal plantés, ou plutôt, à leur isolement? Au point de vue de la valeur marchande de l'arbre, il serait évidemment préférable d'obtenir des fûts aussi droits que possible, avec des houppiers commençant seulement à 15 ou même à 20 mètres. On y arrive à peu près aux *Trois-Fontaines* au moyen de l'élagage. Il est vraisemblable que l'eucalyptus traité au massif se comporterait à peu près comme nos résineux. Mais, encore une fois, bien qu'il soit très important d'arriver à produire des arbres droits pouvant donner non seulement des traverses de chemins de fer et des poteaux télégraphiques, mais aussi des bois de construction, le grand intérêt n'est pas là. Au point de vue de l'assainissement, la forme élancée de l'arbre n'est peut-être pas la meilleure. Il est vraisemblable que l'action fébrifuge sera d'autant plus grande que les arbres seront plus branchus et partant plus feuillus. Cependant cela n'est pas absolument démontré. L'idéal serait de concilier la production en valeur marchande avec la puissance d'assainissement. Peut-être y parviendra-t-on. Qui pourrait dire qu'un beau massif d'eucalyptus, traité en coupe sombre, s'il occupait une surface assez considérable, ne produirait pas autant et plus d'effet que des arbres épars ou en lignes et excessivement branchus? Cette pensée nous est suggérée par le souvenir de notre première visite aux *Trois-Fontaines* avec M. Faré, ancien directeur général des forêts, en compagnie de M. le sénateur Canonico et de M. l'ingénieur Mars. C'était par une tiède matinée de décembre, éclairée par un magnifique soleil. En entrant dans la plus grande des trois églises, dont les fenêtres étaient ouvertes, chacun de nous a été frappé de l'odeur balsamique et pénétrante répandue par les eucalyptus voisins. Cependant les grands sujets sont encore peu nombreux. Le peuplement qui entoure l'église ressemble à une forêt jardinée. Aucun arbre ne porte graine, et tous ont été élagués.

C'était de leurs riches houppiers que s'exhalait l'odeur qui nous charmait. Elle ne peut se produire que sous l'influence d'une douce température. Elle n'existait plus, malgré le soleil, en janvier et en février 1882, qui ont été assez froids, et alors que la glace ne fondait pas, même dans la journée. Il est certain que les émanations bienfaisantes se développent, pendant la croissance, en raison de l'intensité de la chaleur. Or, c'est précisément au temps des grandes chaleurs que l'*aria cattiva* exerce sa souveraineté, et il est certain qu'elle a été détrônée par l'eucalyptus.

Le grand avantage de l'établissement des *Trois-Fontaines* est de pouvoir étudier les procédés de culture reconnus les meilleurs jusqu'à présent. Est-ce à dire qu'on y a trouvé la perfection ? Nul ne peut le prétendre ; mais on peut affirmer que le but visé, c'est-à-dire l'assainissement du terrain, a été obtenu.

Quant à la rapidité de la croissance, elle est certainement très grande. Les mesures prises à 1 mètre du sol donnent les résultats suivants : un résinifère, planté en 1874, n'a que 64 centimètres, tandis que deux globulus du même âge ont, l'un 114 et l'autre 117 centimètres. Ce résultat semblerait défavorable au résinifère ; mais les termes de comparaison ne sont pas assez nombreux dans les anciennes plantations de la colonie, autour du couvent, pour qu'on doive condamner le résinifère dont la graine est si précoce et si abondante. La croissance du globulus lui-même n'est pas uniforme. Ainsi, tandis que les sujets dont il vient d'être parlé mesurent à huit ans 114 et 117 centimètres, un autre sujet planté en 1872 ne mesure que 106 centimètres ; il est vrai que son développement en hauteur dépasse de beaucoup ceux de ses frères moins âgés : il a près de 25 mètres de haut, tandis que les autres n'ont environ que 18 mètres. Doit-on conclure de là que le globulus perd quelquefois en grosseur ce qu'il gagne en hauteur ? Cela est possible ; mais il faudrait que l'expérience pût être faite sur un grand nombre d'arbres pour que la démonstration fût acquise. Puis ces arbres ne se trouvent pas tous dans le même terrain, ce qui peut être cause de la différence signalée.

Si les variétés dominantes dans la colonie sont le globulus et le résinifère, ce n'est pas à dire que l'expérimentation des autres essences y soit négligée. Une plantation importante de melliodora, ainsi nommé parce que l'odeur qu'il exhale se rapproche de celle du miel, sera faite cette année. Sa puissance fébrifuge est-elle aussi considérable que celle du globulus et du résinifère ? On pourrait en douter, parce que ses exhalaisons sont moins fortes que celles du globulus ; puis sa croissance est plus lente.

Une variété importante à signaler, parce que c'est la seule qui, dans la haute Italie, ait résisté aux grands froids de l'hiver de 1879-1880, c'est l'amygdalina. On n'en trouve que de rares spécimens aux *Trois-Fontaines*, où ils poussent mal et lentement. Peut-être le terrain ne convient-il pas à cette essence. La vertu fébrifuge est la même que celle des autres variétés d'eucalyptus ; mais la graine en est rare et chère, et la lenteur relative de sa croissance — moitié moindre que celle du globulus — ne paraît pas devoir accélérer sa propagation dans la campagne romaine. Cette variété doit être réservée pour les pays du Nord à cause de sa grande résistance à la gelée. Ce qui vient d'être dit, sous forme dubitative, sur la lenteur de sa croissance, est d'ailleurs contredit par le fait que cite M. le sénateur Torelli. Près d'Intra, sur le lac Majeur, dans le jardin du prince Troubeskoi, on voit un amygdalina qui, à dix ans, mesure $1^{m},60$ de circonférence, et dont la hauteur est d'environ 20 mètres (1). S'il était ainsi partout, l'amygdalina n'aurait rien à envier au globulus, qu'il dépasserait même en rapidité quant à la croissance.

Une autre variété, le coccifère, déjà essayée aux *Trois-Fontaines*, va être propagée. Sa crois-

---

(1) Rapport au Sénat italien, *Revue des eaux et forêts*, 1881, p. 337.

sance est moins rapide que celle du globulus, mais sa densité est encore plus forte que celle de toutes les autres variétés, laquelle est, comme on le sait, très considérable.

Le but proposé étant, comme on l'a dit, l'assainissement des terrains, et ce but étant déjà atteint en grande partie, il ne paraît pas nécessaire de planter des massifs serrés et continus. Les meilleurs terrains doivent être réservés pour la culture de la vigne. Le traité de la colonie lui impose l'obligation de planter cent vingt-cinq mille arbres. Il serait tout à fait inutile d'augmenter ce nombre. Ce qui importe, c'est que ces arbres soient disséminés sur toute la surface du domaine (1), de manière que l'influence salutaire de la plantation s'étende aux terrains environnants, et que leurs propriétaires s'assurent d'une salubrité plus complète en imitant les agissements de la colonie. Ainsi, de proche en proche, une très vaste étendue, comprenant les terrains les plus malsains des environs de Rome, pourrait être soustraite à l'influence de la mal'aria.

Mais ce n'est pas seulement autour de la ville que des plantations doivent être entreprises; c'est aussi dans l'intérieur de Rome, qui contient tant de terrains dont la salubrité laisse à désirer.

---

(1) Le domaine des Trois-Fontaines représente en superficie les cinq huitièmes du bois de Boulogne et près de la moitié de celui de Meudon.

Sans doute, quelques pieds d'eucalyptus se voient dans des jardins ; mais ils sont en trop petit nombre pour que leur influence se fasse sentir. Sans parler des terrains publics ou particuliers dans lesquels on pourrait introduire l'eucalyptus, il serait, à notre avis, tout à fait urgent de distraire du domaine de la colonie trois ou quatre cents pieds d'arbres, ou même davantage, et de les planter sur la nouvelle place Victor-Emmanuel. Cette place n'existe encore que sur le nouveau plan de Rome ; quoique le tracé de son emplacement ait été indiqué sur le terrain, aucune maison n'y a encore été construite. Elle se trouvera entre plusieurs rues dont l'une conduit en ligne droite de Sainte-Marie-Majeure à Sainte-Croix-de-Jérusalem. C'est un quartier encore désert et peu salubre, faisant partie de l'Esquilin. Il serait bientôt couvert de constructions si l'on était assuré d'y vivre à l'abri du fléau. On ne comprendrait pas que cette mesure ne fût pas adoptée dès la prochaine année. Il suffit de cette seule indication ; mais, en examinant un plan récent de la ville de Rome, on peut s'assurer que la place Victor-Emmanuel forme à peine le soixantième des terrains qui pourraient, à bref délai, recevoir des plantations d'eucalyptus. Sans doute, le feuillage du globulus n'est pas décoratif ; ce n'est pas ce qu'on peut appeler un arbre paysagiste, comme les résineux et certaines essences à feuilles persistantes ou caduques ; mais il n'est pas plus triste que le chêne vert, et, comme lui, ses feuilles sont persistantes. — Le résinifère est bien décoratif.

Les plantations qui seraient exécutées par des particuliers ou par des sociétés dans la campagne de Rome, seraient-elles aussi fructueuses que celles de la colonie des *Trois-Fontaines?* Non, sans aucun doute. Cette colonie a de nombreux avantages ; trois surtout et bien grands : d'abord, elle possède presque gratuitement d'immenses constructions et des jardins clôturés ; ensuite le gouvernement tient à sa disposition une armée de travailleurs à raison de 1 franc par jour ; enfin et surtout cette société est admirablement dirigée, et chacun de ses membres paye de sa personne. Il ne s'agit pas ici d'une de ces compagnies dont les administrateurs se réunissent une fois par mois pour toucher des jetons de présence et approuver et rejeter les projets présentés par le directeur. Chacun des membres de la société, après avoir accompli ses devoirs religieux, travaille toute la journée. A l'un est dévolu le soin de la préparation des bâches ; à un autre celui de surveiller les travailleurs qui défoncent les terrains des lignes ; un troisième dirige les travaux agricoles ; un quatrième, ceux de la vigne ; un cinquième s'occupe des bestiaux, de la vente du lait, des œufs et du fromage ; un sixième est chargé de la basse-cour ; un septième dirige l'importante fabrication d'une liqueur fabriquée avec les feuilles de l'eucalyptus et qui rivalise avec celle de la grande Chartreuse, sur laquelle elle a l'avantage d'être un précieux fébrifuge. Le débit en est déjà fort important, et il ne peut que s'accroître ainsi que celui du vermouth, égal au meilleur de Turin. On trouve aux *Trois-Fontaines* jusqu'à une corroierie. Le cuir est tanné avec l'écorce des eucalyptus, qui se détache d'elle-même et se ramasse à la main. Les chaussures de la communauté sont faites dans l'établissement ; bientôt peut-être la laine des moutons servira à tisser les habits des religieux, les couvertures de leurs lits et celles des condamnés. On n'en finirait pas si l'on voulait détailler tous les travaux et les produits de la colonie. Disons enfin que les nombreux visiteurs, attirés par l'antique célébrité des églises des *Trois-Fontaines*, reçoivent l'accueil le plus gracieux du Père Jules et du Frère Pie, chargés de les accompagner.

Les éléments de prospérité qui viennent d'être signalés se rencontrent bien rarement. Lorsqu'un propriétaire ou une société voudra opérer à l'imitation des trappistes, il faudra commencer par créer des bâtiments d'exploitation et des logements d'ouvriers. Pour nourrir les employés et les travailleurs, on devra se rapprocher d'une localité quelque peu importante ou tout au moins d'une gare de chemin de fer. Avant tout, il aura fallu étudier le terrain, afin de reconnaître si sa qualité convient aux plantations d'eucalyptus, à l'agriculture et à la viticulture. Cela fait, on pourra espérer un succès moins grand sans doute que celui de la colonie trappistine, mais encore fort rémunérateur. L'élan devra être donné surtout par les compagnies de chemins de fer, si intéressées, comme l'on sait, à la disparition de la mal'aria autour des gares. Leurs petits établissements pourront servir d'échelons pour arriver à une culture plus considérable dans de bonnes conditions. Déjà les compagnies se sont mises à l'œuvre ; bientôt, il faut l'espérer, elles recueilleront le fruit de leurs travaux.

Quant à l'assainissement de certains terrains marécageux, comme ceux des marais Pontins, il semble que le gouvernement seul pourrait l'entreprendre. L'eau n'y manque pas ; elle est au contraire en excès. C'est cette surabondance d'humidité qu'il faudrait amoindrir par la canalisation, par le drainage, et faire disparaître par l'eucalyptus. Malheureusement, on ne rencontre, aux environs de ce foyer pestilentiel, que de rares populations fiévreuses, parmi lesquelles on trouverait bien difficilement les secours nécessaires pour l'installation d'une colonie et pour son alimentation. Une petite ligne de chemin de fer ou de tramway, se détachant à Velletri de la grande ligne de Rome à Naples, serait peut-être indispensable ; on pourrait, après les premiers succès, la prolonger jusqu'à Terracine.

Les terrains connus sous le nom de *marais Pontins,* qui s'étendent de *Nettuno*, ou plus exactement de *Torre dei Tre Ponti* à *Terracina*, sur une surface de 18,846 hectares (1), ne sont pas tous absolument marécageux. Plusieurs sont cultivés; c'est, il est vrai, la plus faible partie ; le reste est en pâturages plus ou moins spongieux. C'est le séjour favori des buffles. La plus grande difficulté consistera dans la création du premier établissement. Son succès étant assuré, d'autres pourront se former de proche en proche, en repoussant et éteignant enfin la mal'aria. On peut croire que l'agriculture et la viticulture réussiraient sur cette terre de désolation. Elle n'était pas telle autrefois, au rapport de Pline l'Ancien, qui cite un témoignage d'où il résulterait qu'on y trouvait trente-trois villes. On ne pourra savoir ce qui peut être cultivé qu'après des plantations en lignes très espacées. Il est probable cependant que ces terres, une fois assainies, seraient d'une grande fécondité. La dépense serait grande; mais, en supposant qu'on s'en tînt aux plantations

(1) De Prony. *Description hydrographique et historique des marais Pontins,* Paris, 1823, in-4°.

d'eucalyptus le travail serait rémunérateur. Entre huit et dix ans, un eucalyptus vaut sur pied 15 francs au moins. En étudiant avec soin la quantité qu'il faudrait laisser croître pour conserver et assurer l'assainissement, on pourrait en retirer un produit important. L'expérience seule peut révéler ce qu'il faudrait conserver et ce qui pourrait être exploité sans danger pour la salubrité de la contrée.

Cette question de l'assainissement des marais Pontins préoccuppe vivement les savants italiens. C'est indubitablement la tâche la plus ardue, celle où les travaux d'assainissement rencontreront les plus grandes difficultés. Là se trouve le foyer le plus important de la *mal'aria*, et les difficultés seront immenses : *Hic opus et labor est.* Mais aussi quel intérêt n'y a-t-il pas d'attaquer l'ennemi et de le vaincre dans sa plus redoutable forteresse? Certains habitants de Rome, qui n'admettent pas l'insalubrité de leur sol, soutiennent que les fièvres de la capitale viennent, en grande partie, des marais Pontins. On va même jusqu'à prétendre que si, pendant la saison malsaine, la *Trinita dei Monti* et la *villa Medici* ne sont pas exemptes du fléau, c'est parce que les miasmes morbides, chassés depuis Terracine par les vents d'ouest, rencontrent le *monte Mario* et sont ensuite répercutés vers le *Pincio*. Cela n'est nullement vraisemblable, et M. le directeur de l'Académie de France affirme que si quelques-uns de ses pensionnaires ont été atteints, c'est parce qu'ils ont commis des imprudences. Quant à l'influence des marais Pontins sur la santé des habitants de Rome, il est de toute évidence que l'insalubrité de cette grande ville est due à une cause entièrement différente. C'est comme si l'on disait que les Parisiens auraient à souffrir d'un centre d'infection qui serait situé à Mantes ou même à Evreux.

On a beaucoup écrit sur la cause de la *mal'aria*. Jusqu'à ces derniers temps, on se trouvait en présence d'opinions tellement contradictoires, qu'on en concluait généralement que la cause de l'influence morbide était inconnue. On se trouvait d'accord sur un seul point, c'est que la *mal'aria* a toujours existé, même dans les temps préhistoriques (1). Il est non moins certain que, du temps des Romains, l'excès d'humidité de l'*agro romano* passait pour être une cause d'infection, et que les agronomes romains indiquaient, tant

---

(1) M. di Tucci, *Dell' antico e presente stato della campagna di Roma*, p. 96, Rome 1878, petit in-8° ; — M. Thommasi-Crudeli, *la Mal'aria de Rome*, p. 23, Paris, Delahaye, 1881, gr. in-8° ; — M. de la Blanchère. *La Mal'aria de Rome et le drainage antique*, p. 1, Rome, 1882, gr. in-8°. Ce dernier ouvrage est extrait des *Mélanges d'archéologie et d'histoire publiés par l'Ecole française de Rome*, 3e année, 1er fascicule.

bien que mal, les moyens d'y remédier (1). On sait d'ailleurs que, vers la fin de la république et sous les empereurs, les riches habitants fuyaient Rome pendant l'été, comme on le fait encore aujourd'hui. Dans le dernier état de la science, on admet que l'insalubrité ne tient ni au seul excès d'humidité, ni à l'absence de culture, ni au déboisement. On a même été jusqu'à prétendre que la présence des arbres favorise le développement du principe malarique. Le docteur Simond, qui écrivait en 1827, affirme que les maisons situées dans les quartiers salubres de Rome, mais qui ont un jardin, sont exposées à la fièvre, tandis que les maisons voisines, n'ayant pas de jardin, ne le sont pas (2). C'est sans doute un fait mal observé et qui aurait besoin de confirmation. Cependant le préjugé persiste, et certains voyageurs craignent, bien à tort, de descendre à l'hôtel de *Russie*, parce qu'il s'y trouve des arbres. Ce préjugé semble avoir été partagé par l'édilité romaine. En effet, sauf la belle promenade du Pincio, on voit très peu d'arbres à Rome dans les endroits publics, et c'est seulement depuis l'année dernière qu'on a commencé à en planter aux environs de la gare. En admettant — hypothèse toute gratuite — que des essences anciennement

(1) Columelle, II, 4° et cap. 15; Cato, *De re rustica*, 34 et 35.

(2) *Voyage en Italie*, t. II, p. 45 et 46.

connues aient été malsaines à Rome, on ne persuadera jamais à personne que l'eucalyptus puisse engendrer la fièvre.

Si les arbres ont été calomniés, il en a été de même des marais, avec plus d'apparence de raison ; car le vulgaire et même les écoles persistent à donner le nom de *fièvres paludéennes* aux maladies de l'*agro romano*. C'est contre cette croyance presque unanime que s'élève avec force M. le professeur Thommasi, suivant lequel, « pour arriver à des solutions précises et facilement réalisables, il faut que le *préjugé paludéen* disparaisse des écoles médicales et des administrations publiques, et qu'on y substitue des notions plus exactes sur les conditions de la production naturelle de la *mal'aria* (1). » M. le professeur Thommasi n'est pas le premier venu, son titre de directeur inspire nécessairement

---

(1) M. Conrad Thommasi-Crudeli, *la Mal'aria de Rome et l'ancien drainage des collines romaines*, p. 29 de l'éd. française. Cet important travail a paru d'abord dans les Mémoires de l'Acad. des Lincei sous le titre suivant : *Studi sul bonificamento dell' agro romano ; l'Antica Fognatura delle colline romane*, Rome, 1881, in-4°. — Il en a été fait une traduction française publiée sous le titre de *la Mal'aria romaine*, Paris, Delahaye et Lecrosnier, 1881, in-8°. Nous citons de préférence cette traduction, qui est à la portée des lecteurs français. Disons toutefois que l'édition italienne est enrichie de plans et de notes qui ne se trouvent pas dans la traduction.

M. le professeur Thommasi est, en outre, l'auteur de la publication suivante, se rapportant au même sujet : *Della*

confiance ; c'est d'ailleurs un médecin doublé d'un archéologue, et, à la lecture de ses ouvrages, on reconnaît un savant de premier ordre. Il a, de plus, un mérite bien rare chez les hommes de science, c'est de ne pas être entêté. Après avoir dit et écrit comme tout le monde, il y a quelques années, que les marais, les eaux stagnantes étaient la cause de la *mal'aria*, il a reconnu et confessé publiquement son erreur. Nous étions arrivé au même résultat avant d'avoir connu ses intéressantes publications. Sans avoir fait aucune recherche scientifique, la plus simple observation nous avait donné la conviction que la *mal'aria* est à l'état latent dans toute l'étendue de l'*agro romano* et même, quoi qu'on en ai dit, dans la ville de Rome. Sans sortir du cercle de nos études spéciales sur la colonie des *Trois-Fontaines* et ses environs, il est facile de se convaincre qu'il n'y existe aucun marais ; les eaux croupissantes n'occupent que des surfaces insignifiantes ; cependant le fléau y régnait en souverain avant l'introduction de l'eucalyptus. Cela ne veut pas dire que l'existence des eaux stagnantes n'est pas une des causes

---

distribuzione delle aque nel sottoscolo dell' agro romano e della sua influenza nella produzione della mal'aria, dans le 3e vol., 3e série des *Atti della R. Accademia dei Lincei,* classe di scienze fisiche, 1879, p. 183.

M. Thommasi a publié, en collaboration avec M. Klebs : *Studi nella natura della mal'aria, ibid.,* IV, vol. 1879, p. 172.

d'insalubrité; mais elle n'est évidemment pas la seule. C'est donc avec une véritable satisfaction que nous avons trouvé dans les travaux de M. Thommasi une solution fort acceptable de ce redoutable problème. Elle donne une explication très plausible de tous les phénomènes bien observés; jusqu'à preuve contraire, elle semble devoir être le dernier mot de la science.

M. Thommasi a procédé comme M. Pasteur. Il a cherché la solution du problème, qui préoccupe à si juste titre les populations italiennes, dans l'examen des infiniment petits. Le savant professeur déclare avoir reconnu, en 1879, avec M. Klebs, le ferment malarique dans un schizo-micète du genre *bacillus* auquel il a donné le nom de *bacillus mal'ariæ*. Il annonce que les recherches de MM. Marchiafava et Cuboni (1), ainsi que les observations de MM. Lanzi et Terrigi, ont apporté de nouvelles preuves à l'appui de cette opinion. En conséquence, M. Thommasi formule ainsi qu'il suit les conclusions tirées de faits bien avérés, reconnus par lui et par M. Klebs :

« 1° Le *bacillus mal'ariæ* est un organisme éminemment aérobie ;

« 2° Les germes ou sporules de cet organisme peuvent se rencontrer dans des terrains de com-

---

(1) *Nuovi studi sulla natura della mal'aria,* mémoire présenté à l'Académie des Lincei, séance du 2 janvier 1881.

position très différente et très pauvres parfois en substances organiques;

« 3° Ces terres malariques se retrouvent parfois dans des localités qui ne sont pas et qui ne furent jamais marécageuses;

« 4° Dans la fange des marais qui sont susceptibles de produire la *mal'aria* (tous les marais ne le sont pas), le ferment malarique est toujours associé au ferment septique;

« 5° Dans toutes les terres et fanges malariques, le développement des sporules du *bacillus mal'aria* en bacilles sporigènes, de même que la rapide succession de plusieurs générations de ces bacilles, a lieu chaque fois qu'on les place dans les conditions suivantes :

a. Une température de 20 degrés centigrades environ;

b. Un degré modéré d'humidité permanente;

c. L'action directe de l'oxigène de l'air sur toutes les parties de la masse.

« *Il suffit que l'une de ces trois conditions fasse défaut pour que le développement des sporules et la multiplication du ferment malarique soient arrêtés.* »

Cette théorie est en harmonie parfaite avec les faits bien observés. En effet, M. Thommasi constate avec raison que la science se trouve d'accord avec l'expérience populaire des pays à *mal'aria*. « Ainsi, dit-il, la production de la mal'aria a souvent lieu dans des terrains placés à des hauteurs notables, et elle n'est pas nécessairement liée à la présence des marais, mares, etc. Parfois, pendant l'été, la surface des terrains situés sur les pentes est complètement aride ; mais la *mal'aria* continue à s'y produire, alors surtout qu'ils sont maintenus humides par les conditions spéciales du sous-sol, avec pénétration concomitante de l'air par les porosités ou les crevasses de la surface. C'est précisément le cas de la plupart des collines de la campagne de Rome (1). Chose remarquable, la production de la mal'aria cesse toutes les fois que l'action directe de l'air ne s'exerce plus sur le terrain malarique. Il en est ainsi, même dans les marais les plus pestilentiels, et pendant l'été, si leur fond est recouvert *en totalité* par les eaux. — Ainsi encore, la préservation salutaire s'obtient en couvrant le sol producteur de la mal'aria par un bon pavage, par des constructions... ou avec le feutre compact que forment les racines des herbes d'une prairie bien ensemencée. Mais si une cause quelconque vient à rétablir la communication directe de l'air avec les couches malariques du sol, la production de la *mal'aria* recommence, même après avoir été interrompue pendant des siècles.

« Un degré très modéré d'humidité suffit à la

---

(1) Particulièrement du domaine de la colonie des *Trois-Fontaines* et de tout le territoire environnant.

production de la *mal'aria*. Quelquefois des terrains véritablement pestilentiels peuvent demeurer inoffensifs pendant tout un été très chaud et très sec, et donner lieu tout d'un coup à une explosion de *mal'aria* après une pluie de courte durée. Les déblais formés par des terres malariques peuvent rester longtemps exposés à l'action de l'air pendant une saison chaude et sèche, sans offrir aucun danger, et devenir tout à coup dangereux après une légère ondée. Ce dernier fait a été bien souvent constaté pendant les travaux entrepris pour les nouvelles constructions de la ville de Rome.

« Enfin, si la production de la *mal'aria* est suspendue, lorsque la température moyenne de l'été est exceptionnellement basse, une température élevée provoque son explosion dans des terrains habituellement indemnes, ou qui du moins ne la produisent pas en quantité suffisante pour infecter les couches d'air qui sont au-dessus d'eux.... Ainsi l'habitude de réunir plusieurs pots de fleurs dans des salons bien chauffés, avec aération imparfaite, peut devenir la cause déterminante d'une infection malarique, même dans les localités où la *mal'aria* est inconnue, si la composition du terreau dont on remplit les pots de fleurs contient les germes du ferment malarique. »

Il résulte de ce qui précède que le germe malarique, quel qu'il soit, bacillus ou tout autre, réside en terre et qu'il se développe dans l'atmosphère, lorsqu'il s'y trouve dans les conditions indiquées par M. Thommasi et reconnues par une expérience journalière. On doit donc rejeter parmi les préjugés les plus ridicules la croyance d'après laquelle les arbres peuvent contribuer à développer la *mal'aria.* Les faits signalés par le docteur Simond n'ont aucune valeur, parce qu'ils ont été mal observés. — Sans doute il est possible qu'une maison avec jardin soit malsaine, tandis que la maison voisine, sans jardin, est salubre. Cela prouve seulement l'insalubrité de la terre qui peut exhaler le principe malarique, tandis que la maison dont le terrain est couvert de constructions en empêche le développement. Aussi remarque-t-on que les quartiers de Rome les plus sains sont ceux où les maisons sont très rapprochées. Le vrai coupable n'est donc pas l'arbre, dont viendrait tout le mal, selon ses détracteurs. Ce coupable est le terrain portant la plante ligneuse, qui devient malsain lorsqu'il se trouve dans les conditions voulues pour le développement du germe malarique. L'arbre est toujours salubre, du moins en Europe. Nous ne connaissons que par l'opéra de Meyerbeer le célèbre mancenillier auquel on a fait une si mauvaise réputation. Il ne la mérite peut-être pas, et un temps viendra où l'on découvrira que le terrain abrité par lui renferme seul le germe des maladies qu'on croit engendrées par son ombre. Sans sortir de l'Italie, nous aimons à croire que, du temps de Virgile, le berger Tityre avait soin de choisir un temps sec pour se reposer sous un hêtre. Afin de goûter le repos qu'un dieu lui avait fait et de chanter les louanges d'Amaryllis, il devait éviter de s'asseoir sur un gazon trop frais, surtout après le coucher du soleil. Sans cette sage précaution il serait rentré chez lui avec la fièvre. Il en devait être ainsi il y a dix-neuf cents ans, comme de nos jours.

Un médecin russe, M. d'Eichwald, professeur de clinique médicale à Saint-Pétersbourg, a observé un fait très remarquable reproduit par M. Thommasi (1). Une dame russe, demeurant dans une localité parfaitement salubre, fut atteinte de fièvres intermittentes peu graves qui cédaient à des doses modérées de sulfate de quinine; mais la fièvre récidivait toujours quand la malade reprenait son train de vie ordinaire. Ces alternatives duraient depuis plusieurs mois, et elles auraient pu se perpétuer, lorsque M. d'Eichwald parvint à découvrir la cause de ces récidives. Il fit enlever d'un salon bien chauffé, dans lequel la malade rentrait après sa guérison, une quantité considérable de pots de fleurs contenant de la terre malarique. A partir de ce jour, la guérison fut assurée, sans récidive d'aucune sorte.

(1) *La Malaria de Rome*, p. 9 et 10.

Les recherches de M. le professeur Thommasi sur le *bacillus mal'ariæ* ont porté principalement sur l'*agro romano*. Le principe malarique de ce territoire est-il le même que celui des Maremmes et des autres parties de l'Italie? Cela est fort vraisemblable, car les conditions dans lesquelles la *mal'aria* se rencontre sont identiques. Il serait très intéressant que des études analogues à celles de M. Thommasi fussent entreprises sur les terrains des Maremmes, sur ceux des rives de la Grande-Grèce, de la Sicile, etc., etc. (1).

Quant aux procédés à l'aide desquels on peut combattre le fléau, ils sont encore à l'étude. M. Thommasi insiste sur le drainage, qui, en enlevant l'humidité, ferait disparaître une des conditions sans lesquelles le germe malarique ne peut se développer. Mais le drainage peut-il être utilement employé partout? En tout cas, l'expérience tend à démontrer que, dans la colonie des *Trois-Fontaines*, il est heureusement remplacé par l'eucalyptus, beaucoup moins dispendieux. On a lieu de s'étonner que M. Thommasi ait gardé un silence absolu sur les faits révélés par le rapport de M. le sénateur Torelli. On pourrait en conclure que, sans être un adversaire déclaré de la plante

(1) Les études du *bacillus* ont été faites, pour la Sicile, par M. Thommasi : *il Bacillus Mal'ariæ delle terre di Selinunte e di Campobello*. Académie des Lincei, séance du 7 mars 1880.

australienne, il n'a pas une très grande confiance dans son efficacité. Peut-être attend-il avant de se prononcer que les plantations se soient développées sur une plus large échelle. C'est prudent sans doute, mais la prudence ne doit pas aller jusqu'à négliger les faits les mieux avérés depuis plusieurs années.

Il est impossible de méconnaître que, si l'insalubrité n'a pas entièrement disparu des *Trois-Fontaines,* elle y est tellement atténuée depuis 1874 que l'homme peut y habiter sans craindre pour sa vie. C'est déjà un résultat considérable. Le drainage aurait-il pu mieux faire ? Le fait constaté que l'eucalyptus, même encore jeune, refoule les veines aqueuses à plus d'un mètre du point où elles se trouvaient avant la plantation ne rend-il pas le drainage superflu ? C'est ce qui sera démontré jusqu'à l'évidence à mesure du développement des plantations. Il ne paraît pas possible qu'un observateur aussi judicieux que M. Thommasi ne se rende pas à l'évidence des faits. Sans chercher aucune explication scientifique, et tout en reconnaissant que le germe de la *mal'aria* réside dans le *bacillus,* ne peut-on pas admettre que l'eucalyptus, outre son étonnante puissance d'absorption et d'assèchement, agit sur le schizomycète, comme certaines préparations agissent sur les moustiques. Il n'est pas un voyageur qui n'ait maudit à Venise, à Mantoue, à

Florence, à Pise et à Naples ce chétif insecte dont il est inutile de rechercher le nom scientifique, mais dont les piqûres, sans être dangereuses, sont très désagréables. Le *parfumo* de Venise, et les préparations qu'on trouve dans toutes les pharmacies, permettent sinon de le détruire, du moins de le réduire à l'impuissance. Ne peut-on pas admettre que l'eucalyptus agit de même à l'égard du *bacillus*, en rendant inertes, sans les détruire, les germes ou sporules de cet organisme? Qu'importe, au surplus, comment l'eucalyptus agit, s'il produit l'effet désiré en Italie comme en Afrique? N'est-il pas certain que l'essence australienne a déjà donné d'excellents effets sur plusieurs points de notre colonie algérienne? Et ces effets ont été obtenus sans qu'on ait eu à entreprendre des travaux dont l'utilité aurait été problématique. Alors même qu'on n'eût pas réussi, quand on devrait, dans l'avenir et dans certaines circonstances, recourir à d'autres moyens, la dépense ne sera jamais perdue, à moins qu'on n'ait expérimenté sur des terrains impropres à ce genre de culture, qui doit toujours être essayé, au début, sur une petite échelle.

Ce n'est pas que, pour triompher de la *mal'aria*, le drainage ne soit souvent utile et même nécessaire; mais, pour assurer le succès, pour compléter l'insuffisance du drainage, les plantations d'eucalyptus doivent suivre de très près les opérations souterraines. Il est certain que le drainage a été connu et pratiqué, depuis un temps immémorial, dans les terrains actuellement occupés par l'*agro romano*, et bien avant les Romains. Vers la fin de la république, les écrivains qui ont traité *de re rustica* : Varron, Caton, Columelle, en ont tous parlé, surtout ce dernier (1). Toutefois, aucun d'eux ne mentionne le plus ancien procédé qui ait été mis en pratique, bien avant la fondation de Rome, et dont l'existence a été révélée, depuis quatre années, par M. l'ingénieur di Tucci (2). L'éveil une fois donné, de nouvelles recherches dans les terres pontines ont été entreprises par M. de la Blanchère, soit seul, soit en compagnie avec M. di Tucci. Pendant trois années, M. de la Blanchère a eu le courage de s'installer à Velletri, puis à Terracine, et de pénétrer au foyer même de la *mal'aria*, pour y faire, non sans avoir contracté la terrible maladie, des recherches suivies sur les très anciens *cuniculi* dont M. Thommasi a reconnu les pareils à Rome même et aux environs immédiats de la ville. M. de la Blanchère a ainsi recueilli les éléments d'un travail, non encore publié, sur l'histoire des terres pontines dans l'antiquité. Ce travail doit jeter un jour tout nou-

---

(1) Voir l'ouvrage cité de M. le professeur Thommasi : *La Mal'aria*, p. 18.

(2) *Dell'antico e presenti stata della campagna di Roma*. Roma. Tipografia editrice. 1878, pet. in-8°.

veau sur la manière dont les anciennes populations ont pu trouver le moyen de vivre dans un tel milieu. Ce moyen, maintenant connu, était de pratiquer un drainage énergique à l'aide de petits canaux creusés dans le tuf volcanique. Ces canaux, du genre de ceux que les Romains ont appelé *cuniculi*, ont laissé des traces souvent très apparentes dans tout l'*agro romano*. Ils s'y retrouvent quelquefois intégralement conservés, surtout dans les terres pontines. Avant d'avoir terminé son ouvrage, M. de la Blanchère vient d'en donner le résumé dans les *Mélanges d'archéologie et d'histoire*, publiés par l'Ecole française de Rome, à laquelle il a appartenu (1). Il en résulte que les premiers hommes qui se sont établis sur les terres pontines n'ont pu vivre sans accomplir des travaux de la nature la plus singulière (2). Dans un autre passage, M. de la Blanchère indique que « ces travaux font ressembler à une gigantesque garenne tout le bassin du Tibre et de l'Anio (3) et toutes les pentes inférieures du massif des monts Albains et des montagnes qui entourent le lac de Bracciano ». Tel est ce drainage antique,

(1) 2e année. 1er fascicule. Rome, imp. de la Paix, 1882, in-8o. — Il en a été fait un tirage à part, sous le titre suivant : *La Mal'aria de Rome et le drainage antique*, même imp., 1882.

(2) M. de la Blanchère, p. 9.

(3) Il y a ici une faute d'impression dans le texte, et il faut évidemment lire l'*Anio* et non l'*Arno*. Ouv. cité, p. 5.

dont on ne peut comprendre l'efficacité qu'en abandonnant le préjugé d'après lequel l'*agro romano* serait une vaste plaine. C'est, au contraire, un territoire fortement ondulé, dont les célèbres collines de la ville éternelle sont un spécimen. Dans les terres pontines, particulièrement, qu'on se représente généralement comme très plates, il y a de nombreuses vallées dominées par des élévations de 100 à 300 mètres.

Les collines des marais Pontins, pour être habitées et cultivées, ont dû être sillonnées, à leur base et quelques fois sur leurs flancs, par une multitude de *cuniculi*, c'est-à-dire par des canaux, creusés dans le tuf, ayant environ 1m,50 de hauteur sur 0m,70 à 1 mètre de largeur. L'auteur a pu en suivre une file sur une longueur de 15 kilomètres, et il en a dressé la carte avec les cotes de niveau. Avant lui, M. di Tucci avait constaté l'existence de ce drainage sur une étendue de 144 kilomètres, et l'on est loin de tout connaître (1). Plus tard, M. Thommasi a découvert des *cuniculi* aux environs de Rome, près de la voie Flaminienne et dans les tranchées du nouveau fort *Trajani*, non loin de la *Villa Pamphili*. Il y en avait aussi à la base de l'Aventin, qui ont été découverts, en 1855, par M. le commandeur Descemet, et qui procuraient l'écoulement des eaux de la célèbre colline, aujourd'hui presque déserte. Elle

(1) M. Thommasi, p. 23.

est devenue insalubre depuis l'obstruction de ces *cuniculi*, qui ne déversent plus leurs eaux dans le Tibre (1). On ignorait alors la relation qui pouvait exister entre cette intéressante découverte et celles qui ont eu lieu depuis quatre ans dans les terres pontines, mais on admet généralement que les 125 mètres de canaux dont l'existence a été reconnue sur l'Aventin, sous le monastère de Sainte-Sabine, et qui se ramifient en diverses directions, ne sont autre chose que des *cuniculi* d'assainissement. Il y en a sans doute bien d'autres sur la colline. Les visiteurs des catacombes peuvent se faire une idée de ces *cuniculi*, dont les voûtes sont le plus ordinairement beaucoup moins hautes que celles des cimetières chrétiens ; mais les deux sortes de galeries sont toujours creusées dans le tuf volcanique.

Il y a toutefois une différence capitale entre les *cuniculi* et les galeries des catacombes. Ces dernières ont toujours été établies dans des terrains secs, et leurs auteurs ont soigneusement évité les infiltrations, tandis que les ouvriers des *cuniculi* allaient au-devant des veines aqueuses, pour faire opérer leur écoulement dans les galeries et procurer ainsi l'assainissement des terrains

(1) *Mémoire sur les fouilles exécutées à Santa-Sabina*, dans le t. VI, 2e partie, des *Mémoires présentés à l'Acad. des inscript.*, p. 165 et suiv. — Il en a été fait un tirage à part. Paris. Imp. imp. 1857. in-4°.

supérieurs. MM. Thommasi et de la Blanchère donnent de curieux détails sur l'habileté de ces ouvriers des anciens âges, qui semblent avoir trouvé, dans les populations contemporaines, des héritiers de leur savoir-faire.

Serait-il possible, aujourd'hui, d'utiliser ces travaux en déblayant les *cuniculi?* Plusieurs propriétaires avisés l'ont fait, et ils en ont été récompensés. Pourrait-on entreprendre le déblayement sur une plus large échelle? C'est une question à résoudre par les ingénieurs. De toute façon, il faudra que, dans les marais Pontins, un système quelconque de drainage soit employé avant les plantations d'eucalyptus. Ce qu'il y a de certain, c'est que le drainage antique, par les *cuniculi*, avait été le seul moyen pratiqué pour assainir ces campagnes. M. di Tucci l'a formellement déclaré devant la commission pour la *bonificazione dell' agro romano* (1).

Il serait sans doute fort intéressant que les gigantesques travaux des premiers habitants de cette partie des terres latines pussent être réparés de manière à reconstituer l'état des choses tel qu'il était dans l'antiquité. « Tout, dit M. de la Blanchère, est fait avec une unité d'ensemble, une sûreté de conception, une justesse d'exécution, qui font ressembler ce grand travail à l'œuvre instinctive et parfaite d'une colonie de

(1) M. de la Blanchère, p. 8.

castors ou d'une république de fourmis, bien plus qu'aux produits de l'expérience humaine. — Les peuples qui avaient ainsi transformé la campagne volsque et latine avaient fait leur apprentissage ailleurs (1). » L'intérêt redouble lorsqu'on songe à l'antiquité de ces travaux. Ils existaient certainement avant l'établissement de la voie Appienne, puisqu'elle passe au-dessus des *cuniculi* pontins, sans qu'on ait paru soupçonner leur utilité (2). Cette voie date de 312 ans avant notre ère. A cette époque, plusieurs *cuniculi* étaient déjà à demi ruinés, et l'état des lieux atteste que les ouvriers de la *via Appia* ont été assez embarrassés par cette demi-ruine, qui a obligé à de grandes précautions pour l'établissement de la voie romaine. Le bel âge de ces campagnes était donc déjà bien loin en 312. Serrant de près la chronologie, M. de la Blanchère arrive à cette conclusion que les *cuniculi* remontent certainement au sixième siècle et que, suivant toute vraisemblance, ils sont antérieurs aux origines de Rome. Leurs auteurs seraient donc contemporains de ces peuples qui n'ont ni histoire, ni chronologie (3).

---

(1) M. de la Blanchère, p. 9.

(2) *Ibid.*, p. 11 et 12.

(3) M. Thommasi est d'accord sur ce point avec M. de la Blanchère : mais il diffère d'opinion avec lui relativement à la question de savoir si les Romains ont connu et pratiqué le drainage par les *cuniculi*. M. Thommasi soutient l'affirmative, tandis que M. de la Blanchère penche

Un temps viendra où la multiplicité des voies ferrées rendra de plus en plus difficile, sinon impossible, l'approvisionnement en traverses et en poteaux télégraphiques. L'eucalyptus fournit ces produits en qualité exceptionnelle, et il ne paraît pas qu'il soit nécessaire d'injecter ces bois ou de les traiter par la créosote. A ce point de vue, il y aurait intérêt à se préoccuper de sa propagation, même dans les pays qui ne sont pas ravagés par la mal'aria, à moins qu'on ne trouve un moyen sûr de substituer les traverses en fer aux traverses en bois.

Le seul argument contre la propagation de l'eucalyptus en dehors des pays chauds est qu'il ne résiste pas au froid. Cependant, aux Trois-Fontaines, le globulus et le résinifère ont parfaitement supporté un froid de 8 degrés. C'est déjà quelque chose. Puis il y a des essences plus résistantes, comme l'amygdalina, qui, dans la haute Italie, a supporté de 12 à 15 degrés. La résistance à la gelée augmente avec la croissance des arbres. Les plus jeunes sont les plus exposés à périr, mais ils repoussent de souche avec une merveilleuse rapidité. Tout n'est donc pas perdu, même lorsque les arbres ont péri par un hiver rigoureux.

Il y aurait témérité à vouloir acclimater l'eucalyptus en France, surtout dans l'intérieur, au

---

pour la négative, tout en reconnaissant que la théorie n'est pas définitive et que de nouvelles recherches sont encore à faire. Tout cela est du domaine de l'archéologie et ne touche en rien à la question de savoir si l'on peut aujourd'hui se servir des anciens *cuniculi* ou les rétablir. Sur tous ces points, la discussion reste ouverte : nous nous garderons d'y intervenir.

nord de la Loire. Mais sur le littoral de l'Océan, où la température est rarement rigoureuse, pourquoi ne pas l'essayer? Les hivers comme celui de 1879-1880 ne se rencontrent que tous les cent [illegible] a [illegible] serait [illegible] est arrivé aux plantations de pins maritimes dans le centre de la France. Toutes les variétés d'eucalyptus repoussant de souche, on aurait bien vite regagné le temps perdu par la mort des jeunes sujets. Quant aux vieux, leur exploitation anticipée et accidentelle serait toujours avantageuse. Ainsi, en France, ne pourrait-on, ne devrait-on pas essayer de planter l'eucalyptus dans les landes de Gascogne, partout où l'alios le permettrait? Ces essais ne devraient-ils pas être étendus sur les dunes du littoral de l'Ouest, où l'Etat a commencé de magnifiques reboisements en pins maritimes? Les terrains arénacés permettent-ils ou non à l'eucalyptus d'y prospérer? Pour adopter la négative, il faudrait au moins avoir essayé. Quant au littoral méditerranéen, dont le climat ne serait pas un obstacle à la culture de l'eucalyptus, il paraît que la nature du terrain, entre Marseille et Nice, serait le plus souvent, mais non partout un obstacle sérieux. Toutefois on peut croire qu'il n'en serait pas de même entre Cette et Perpignan.

Ne serait-il pas intéressant que toutes ces [illegible]ions fussent mises à l'étude dans notre [illegible] n'a-t-il pas déjà commencé à faire merveille en Corse et en Algérie? On le dit, mais le public ignore quels ont été les résultats obtenus. Quand donc la lumière nous viendra-t-elle de ce côté? Jusqu'à présent, le ministère de l'agriculture ne paraît pas s'être préoccupé de la question. Rien, du moins à notre connaissance, n'a été publié. Il serait cependant bien facile d'être exactement renseigné par nos forestiers de Corse et d'Algérie, sans y envoyer une commission chargée d'une mission spéciale.

Quant à la colonie agricole et forestière des *Trois-Fontaines*, que nous persistons à considérer comme une école normale de l'eucalyptus, notre plus vif désir serait qu'une commission sérieuse fût nommée pour étudier en détail les terrains et les procédés d'exploitation. M. Grandeau, dont les beaux travaux sur les terres noires sont admirés dans toute l'Europe, ne serait-il pas l'homme le plus compétent pour étudier le sol de la colonie des trappistes et se prononcer sur les terrains qui conviennent à l'eucalyptus? Au point de vue forestier, l'assistance de MM. Puton et Fliche ne serait-elle pas bien précieuse? La culture de l'eucalyptus pourrait enfin être enseignée à l'Ecole de Nancy. Un mois bien employé en Italie avec des références auprès du ministre des travaux publics de la Péninsule et des directeurs des compagnies de chemins de fer serait plus que suffisant.

Au point de vue de l'assainissement, la France continentale est peu intéressée dans la question de l'eucalyptus. Il n'en est pas de même de nos possessions hors d'Europe. Sauf la Nouvelle-Calédonie, la moins intéressante de nos colonies, les autres sont plus ou moins malsaines. Ici encore ne voit-on pas s'ouvrir un champ d'expériences pour ainsi dire sans limites? Quelle serait en Afrique l'influence de l'eucalyptus sur toutes les côtes de ce vaste continent? A l'intérieur, il y a des parties saines; mais combien aussi ne peuvent être traversées par les Européens qu'au péril de leur vie! Combien de ces courageux pionniers ont succombé, malgré le sulfate de quinine! Certaines contrées de l'Asie sont aussi très malsaines. On se plaint beaucoup de la fièvre en Cochinchine. L'Amérique du Sud est également fort mal partagée sous ce rapport. Les Guyanes sont d'une insalubrité telle qu'on a renoncé à y e[illegible] des bagnes. La plupart des îles sont aussi visitées par la fièvre; elle attaque surtout les Européens. Ce serait un utopie de dire que l'eucalyptus deviendrait une panacée qui éteindrait partout [illegible] à toujours le terrible fléau; mais il suffit qu'il y ait quelque chance d'en modérer les effets, pou[r] qu'on étudie l'action de la plante bienfaisante partout où elle peut être importée. C'est l'intérêt de tous les Etats qui ont des colonies. Que le gouvernement français donne l'exemple; s'il réussit, d'autres l'imiteront; s'il échoue, il pourra dire avec le poëte :

J'aurai du moins l'honneur de l'avoir entrepris.

Rome, 17 Mars 1882.

Landerneau. — Imprimerie de DESMOULINS.

www.ingramcontent.com/pod-product-compliance
Ingram Content Group UK Ltd.
Pitfield, Milton Keynes, MK11 3LW, UK
UKHW021148230726
13926UKWH00002B/995